HISTOIRE

NATURELLE ET ÉCONOMIQUE.

IMPRIMERIE DE CARPENTIER-MÉRICOURT,
Rue Traînée, n. 15, près S.-Eustache.

HISTOIRE
NATURELLE ET ÉCONOMIQUE
DU CHAMEAU, DU DROMADAIRE,
DU RENNE, DU LAMA,
ET DE LA VIGOGNE.

Avec Gravures.

Par Mr C.-P. de Lasteyrie.

PARIS,
RUE TARANNE, N° 12.

1834.

HISTOIRE

NATURELLE ET ÉCONOMIQUE

DU CHAMEAU,

ET DU DROMADAIRE.

DU CHAMEAU ET DU DROMADAIRE.

Le Chameau est un animal que l'homme a réduit depuis long-temps à l'état de domesticité. Il semble qu'il ait été formé par la Providence pour servir de lien de communication et de civilisation entre des peuples qui, séparés par des déserts inhabitables, n'eussent pu avoir sans l'aide du Chameau aucun rapport et aucune relation entre eux. Comment en effet franchir des déserts immenses dont le sol est composé d'un sable aride, où l'on ne rencontre ni sources, ni rivières, et souvent pas la moindre trace de végétation ; comment vivre dans des contrées où l'homme, isolé entre le ciel et la terre, est obligé de porter les alimens et l'eau nécessaire à son existence et à celle des animaux qui l'accompagnent ? Le Chameau, que la nature a doué d'une grande sobriété et à qui elle a donné la faculté de passer huit jours sans boire, dont les pieds même semblent formés pour une marche sûre et facile au milieu des sables, est le seul animal qui puisse faciliter à l'homme le moyen de traverser des déserts dans une étendue de deux ou trois cents lieues.

Il existe deux espèces de Chameaux : l'un nommé Chameau de Bactriane ou Chameau à deux Bosses, parce qu'il a deux protubérances sur le dos, et l'autre désigné sous le nom de Dromadaire, qui n'a qu'une élévation très-proéminente sur le dos. Le premier se trouve presque exclusivement dans les régions du nord de l'Asie, et le second dans celles du midi, ainsi que dans la plus grande partie de l'Afrique du Nord. Sa figure est représentée en tête de ce chapitre.

Le Chameau est classé par les naturalistes dans l'ordre des animaux ruminans. Sa mâchoire inférieure est garnie de six dents incisives et de deux dents canines ; il porte deux dents incisives à la mâchoire supérieure et une ou deux canines de chaque côté ; il a le col long et arqué, la tête petite et la lèvre supérieure fendue, des callosités sans poil aux jointures des jambes et à la partie inférieure du poitrail ; son pied se compose de doigts garnis à leur extrémité de cornes en forme d'ongles, et d'une espèce de semelle calleuse et fort dure qui réunit les deux doigts.

Le Chameau, outre quatre estomacs comme les ruminans, a une espèce d'appendice ou réservoir dans lequel il conserve une certaine quantité d'eau qu'il a la faculté de faire remonter à sa bouche lorsqu'il est pressé par la soif. Ce genre de conformation, qu'on ne retrouve dans aucun autre animal, permet au Chameau de passer un grand nombre de jours sans prendre de nouvelle eau.

Le Chameau à deux Bosses est d'une taille plus élevée que le Dromadaire, quoiqu'il ait les jambes plus courtes; sa hauteur mesurée entre les deux bosses est de sept pieds. L'extrémité de ces bosses retombe sur le côté. Elles sont formées d'une substance grasse et charnue. Cette masse de graisse est destinée à suppléer au manque de nourriture; elle se répand par absorbtion dans toutes les parties du corps, et leur fournit l'aliment nécessaire à la vie. Le Dromadaire mesuré du garot, n'a environ que cinq à six pieds de haut. Sa bosse, qui est arrondie et ne pend pas comme celle du Chameau, n'est qu'une forte proéminence placée au milieu du dos. Il est couvert d'une laine frisée mais grossière. Le

Dromadaire se trouve en Arabie, en Égypte et dans tous les pays d'Afrique qui bordent la Méditerranée; il est aussi commun en Perse et dans l'Inde Méridionale. Beaucoup plus agile à la course que le Chameau de Bactriane, il peut parcourir en un jour un trajet de 25 à 30 lieues; car les Arabes élèvent des races destinées à fournir de longues courses, ainsi que nous le pratiquons en Europe pour les chevaux.

Le Chameau semble avoir été créé pour remplacer le cheval, le bœuf et l'âne dans des régions brûlantes et stériles, où ces trois derniers animaux ne pourraient être d'aucun secours à l'homme. Seul, le Chameau est constitué pour soutenir la soif pendant un long espace de temps; et seul il peut se contenter de quelques plantes arides et grossières que la nature avare a disséminées dans les déserts. La conformité de ses pieds lui permet de marcher avec sûreté sur des sables mouvans; celle de son estomac lui donne la faculté de porter en lui-même un réservoir d'eau qui lui suffit pour un trajet de 60 lieues à 80 lieues. Docile à la voix de l'homme, il s'agenouille pour recevoir sa charge, se met en marche et continue sa route sans qu'il soit besoin de l'exciter en le frappant; enfin, aucun animal n'est mieux constitué pour subir toute espèce de privations, et aucun n'a rendu de plus grands services à l'homme ; car, s'il n'eût pas existé, l'Inde, berceau du genre humain, n'eût peut-être jamais communiqué ses connaissances à l'Égypte et à la Grèce, et l'Europe serait encore plongée dans l'ignorance et la barbarie. Mais avant de parler des services que le Chameau rend encore aujourd'hui aux habitans de l'Asie et de l'Afrique, nous rapporterons les tentatives faites pour le naturaliser en Europe et en Amérique.

Le Grand Duc de Toscane avait fait venir d'Afrique, vers le milieu du 16° siècle, un certain nombre de Dromadaires afin de les propager dans ses états. Un établissement avait été formé à Pise, où l'on en élevait environ deux cents; et quoique ces animaux ne se soient pas répandus dans le pays comme on en avait le projet, on a obtenu cependant dans cet établissement, qui s'est maintenu pendant plus d'un siècle, des renseignemens sur leurs mœurs et leurs habitudes, plus exacts que ceux qui nous ont été communiqués par les voyageurs.

La femelle porte pendant onze à douze mois,

et met bas un petit qui, n'ayant que deux pieds de haut, n'est pas assez élevé sur ses jambes pour saisir le pis de sa mère et en sucer le lait lorsqu'elle se tient debout; il est donc probable qu'elle s'agenouille lorsqu'elle veut donner à téter à son petit. Les personnes qui soignaient ces animaux en Toscane, plaçaient le jeune Dromadaire dans une situation élevée afin qu'il pût atteindre le pis de sa mère; mais au bout d'une semaine il était en état de se passer de ce secours.

Quoique le Chameau se nourrisse de foin et d'herbe, ainsi que le bœuf et le cheval, il préfère cependant, lorsqu'on le conduit dans les champs, les arbustes, les feuilles de chêne, d'aune, etc., et surtout les plantes coriaces, tels que le genêt, la ronce et les chardons. On le tient l'hiver dans des étables et l'été en plein air. Le chameau est assez fort à l'âge de quatre ans pour porter des fardeaux et pour soutenir les travaux auxquels on veut le soumettre; mais il est nécessaire, afin de pouvoir monter sur son dos ou lui imposer une charge, de le dresser à fléchir les genoux et à s'accroupir sur son ventre. On parvient à lui donner cette habitude en ployant une de ses jambes de devant, et en la fixant dans cet état au moyen d'une corde; alors, en tirant la corde, on l'oblige de tomber sur ses genoux; on l'habitue insensiblement à prendre cette position à la voix de son conducteur, qui lui donne en même temps une secousse, en tirant par en bas le licol attaché à sa tête. En posant d'abord sur son dos une charge légère, on l'habitue à se coucher et se relever selon l'ordre qu'*il* reçoit. Au reste, lorsque le Chameau veut se reposer ou dormir, il s'agenouille et se couche sur le ventre. Les callosités qu'il a sur chacune des jambes de devant, celle du bas de sa gorge; enfin, celles dont il est pourvu aux jambes de derrière, lui permettent de se coucher, de se relever et de rester longtemps sur le sol, sans que la peau ou les muscles de ses jambes en soient lésés.

Les Chameaux qu'on élevait à Pise vivaient 20 et 25 ans et même jusqu'à 30 lorsqu'on ne les faisait pas travailler, ce qui était le cas pour les femelles. Ils parcouraient cinq quarts de lieue par heure et 16 lieues par jour. On les faisait rarement trotter, exercice qui paraissait les fatiguer. On sait cependant qu'il existe en Arabie des Dromadaires bons coursiers qui, montés par un homme, font habituellement 25 à 30 lieues par jour. Quelques particuliers de Toscane, acquéreurs de Dromadaires élevés à Pise, s'en dégoûtèrent par la raison qu'il est difficile de les empêcher de détruire les arbres ; et de leur procurer, dans un pays où la cultnre est soignée, des pâturages composés d'arbustes et de broussailles, qu'ils préfèrent aux herbes et aux fourrages les plus délicats. Ces animaux se vendaient une vingtaine de louis, et étaient principalement achetés par des personnes qui les promenaient en Europe pour gagner leur vie. Aujourd'hui, l'éducation des Chameaux est presque entièrement abandonnée en Toscane.

Les Maures, peuples industrieux et habiles cultivateurs, avaient introduit le Chameau en Espagne lorsqu'ils en firent la conquête; mais les Espagnols, après avoir expulsé les Maures, ont laissé s'éteindre cette race d'animaux dont ils auraient pu tirer un grand parti en la transportant dans l'Amerique du Sud, où elle eût été d'une grande ressource pour les communications et le commerce. Il est vrai que quelques-uns de ces animaux furent importés en Amérique, mais les Espagnols n'en firent aucun usage, parce qu'ils trouvaient plus commode et plus simple d'employer les Indiens comme bêtes de somme.

L'emploi du Chameau en Arabie et dans le midi et l'est de l'Asie remonte à la plus haute antiquité ; il paraît qu'il a été introduit plus tard en Égypte, car sa figure ne se trouve peinte ou sculptée sur aucun des nombreux et anciens monumens de ce pays, tandis qu'on y voit celles de tous les animaux domestiques que les habitans faisaient servir à leur usage. Il n'a pareillement été introduit et propagé que long-temps après dans le nord de l'Afrique, le long des côtes de la Méditerranée. Il paraît, d'après le témoignage des anciens auteurs, qu'il n'y pénétra que vers le 3e siècle de notre ère. Cependant, sans Le Chameau les marchandises de l'intérieur de l'Afrique parviendraient difficilement sur les côtes de la Méditerranée, et toute communication et toute relation commerciale, seraient presque impossibles entre ces peuples. Ce fait et beaucoup d'autres prouvent combien sont funestes au bonheur de l'homme, l'ignorance, la routine et l'habitude.

Les habitans de l'Asie ont de tout temps considéré le Chameau comme le plus précieux et le plus utile de tous les animaux. Nul autre, en effet, ne saurait rendre de plus grands services aux habitans des contrées séparées par des plaines vastes, arides et sablonneuses où nuls végétaux ne peuvent croître, où nul homme ne peut habiter. Aussi les Arabes appellent-ils le Chameau le vaisseau du désert. Il est assez fort pour porter des fardeaux de 5 à 600 livres, et il consomme, comparativement autres bêtes de somme, moins d'alimens et une nourriture plus grossière et plus commune. Il est remarquable par sa sobriété, sa douceur et par sa patience à supporter les plus mauvais traitemens. Il marche au commandement de son maître jusqu'à ce qu'il succombe par le défaut d'eau ou de nourriture, ou par la fatigue, sous la charge qu'on lui impose. Il n'est pas besoin de le frapper pour le faire avancer; au reste, les Mahométans traitent ces animaux avec plus de douceur que les Chrétiens n'en montrent pour ceux qui leur rendent les mêmes services. Les *Devidgis* ou conducteurs de Chameaux, leur donnent à chacun un nom particulier auquel ceux-ci répondent toujours en suivant avec docilité le commandement qu'ils reçoivent. Ces conducteurs en ont grand soin : souvent ils leur donnent une portion de leur repas; on les voit faire la conversation avec ces animaux, qui étendent leur long col à leur approche, et leur posent la tête sur une épaule, en signe de reconnaissance.

Lorsque les Chameaux voyagent en caravanes, et par conséquent chargés d'hommes, de provisions ou de marchandises, ils font ordinairement 7 lieues par jour, et souvent ils continuent cette marche pendant 30 à 40 jours; les Dromadaires font 4 lieues à l'heure, lorsqu'ils n'ont qu'un court trajet à parcourir; et 3 lieues à l'heure, en voyageant neuf ou dix heures de suite. Ils traversent en 8 jours une étendue de terrain que les caravanes ne peuvent parcourir que dans l'espace de 22 jours. Le transport des marchandises par la voie des caravanes est peu dispendieux, puisqu'un poids de 250 livres ne coûte que 100 francs, pour le trajet d'Alep à Bagdad, qui est de 220 lieues. L'on se tient ordinairement sur les Chameaux et surtout sur les Dromadaires, sans faire usage de selle. On les fait mettre à genoux pour monter sur leur dos. Mais comme ils se relèvent des pieds de derrière, le cavalier éprouve une impulsion en avant qui le renverse, s'il n'y prend garde. Leur démarche produit un mouvement qui est assez fatigant lorsqu'on fait un long voyage. On transporte les femmes et les enfans dans des paniers ou dans des sacs de cuir fixés sur le dos de l'animal. L'eau pour l'usage des caravanes se met dans des outres qui contiennent deux seaux. Elles sont d'une forme ronde avec des baguettes de bois et une peau fortement imprégnée de résine, pour qu'il n'y ait pas d'évaporation.

Les caravanes étant le seul moyen de communication et de commerce possible entre des nations isolées les unes des autres par de grandes étendues de pays inhabitables, ont existé dès la plus haute antiquité. Elles devinrent plus nombreuses et plus fréquentes, à l'époque où Mahomet établit l'Islamisme, système religieux qui se répandit promptement chez toutes les nations de l'Asie et de l'Afrique. Le fondateur de cette religion voulant former un lien politique et religieux entre les nations qu'il avait soumises à ses dogmes, et qui se trouvaient placées à de si grandes distances, présenta à ses sectateurs le pélerinage de La Mecque comme un acte de dévotion qui effaçait tous les péchés, et donnait une entrée certaine dans le paradis à tous les croyans qui entreprendraient ce pélerinage. Le fanatisme attira alors, des villes et des campagnes les plus éloignées de l'Asie et de l'Afrique, des pélerins qui se rendaient en Arabie pour visiter le tombeau du prophète Mahomet, déposé dans la ville sainte de La Mecque.

Les califes, successeurs de Mahomet, faisaient ce pélerinage avec toute la pompe et le luxe oriental. Les écrivains arabes, grands exagérateurs, portent à plusieurs milliers le nombre de Chameaux que ces despotes amenaient à leur suite. Car ils ne pouvaient se passer, dans ce voyage, des jouissances auxquelles ils étaient habitués. Ainsi il leur fallait le même attirail de vêtemens, de parfums, de confitures, et jusqu'à de la glace pour leur sorbet, comme lorsqu'ils vivaient au milieu de leur sérail. Le nombre des pélerins est beaucoup diminué de nos jours, et les caravanes ne sont ni aussi nombreuses ni aussi riches. Il arrive cependant encore annuellement à La Mecque six ou sept grandes caravanes. On y voit en outre des Hindous, des Malais, des Cachemiriens, des Persans, des Arabes, des Abyssiniens et des Nègres, qui viennent rendre dans la ville sainte leurs hommages au prophète. Celles qui sont uniquement destinées au commerce, ne conduisent avec elles que les hommes et les animaux nécessaires au but qu'on se propose.

Les caravanes qui partent d'Egypte pour l'intérieur de l'Afrique, parviennent chez des nations que les Européens n'ont jamais visitées, et en rapportent de la poudre d'or, de la gomme, des plumes d'autruche, des dents d'éléphant et même des esclaves. Celles de l'Arabie échangent contre d'autres marchandises le café, les épices, les parfums que produit le pays. Un grand nombre de drogues, d'étoffes et d'autres objets de prix sont échangés avec l'Inde. Enfin les caravanes traversent la Syrie et vont de là en Perse et jusqu'en Chine. Elles font ainsi circuler dans la moitié du globe des marchandises de toute nature. C'est au Chameau qu'est redevable de ces bienfaits une grande partie du genre humain.

On voit, dans les caravanes religieuses, qui se font avec un certain luxe, des Chameaux richement caparaçonnés. Celui qui porte l'alcoran, écrit en lettres d'or, est couvert de draperies en soie, brodées en or et en argent. Il est accompagné de musiciens et de chanteurs, et de soldats montés sur des chevaux. Le Chameau qui porte l'étendard du Grand Seigneur, reçoit les mêmes honneurs. Les pélerins et les marchands, les uns montés sur des Chameaux, les autres à cheval ou à pied, accompagnent le cortége, avec les animaux chargés de provisions et de marchandises.

Les caravanes purement marchandes se font avec moins d'apparat. Elles avancent avec ordre, ayant en tête un âne avec une grosse cloche, suivi par les Chameaux à la file les uns des autres. Lorsque l'âne s'arrête et que les Chameaux cessent d'entendre le son de la cloche, ils s'arrêtent immédiatement. Cette file d'animaux, au nombre de deux cents, qui occupe souvent l'espace d'un quart de lieue et même d'une demi-lieue, marche toute la journée d'un pas égal, faisant cinq quarts de lieue à l'heure, à raison de 8 lieues par jour, et cela dans des voyages qui, comme nous l'avons dit, durent 30 et 40 jours. Après une halte pour prendre du repos, chaque animal se range à la même place où il était d'abord. On arrête rarement un Chameau en route, ce qui pourrait troubler l'ordre de la marche. Aussi le voyageur assez agile pour sauter de son Chameau et y remonter sans le faire arrêter, est considéré parmi les Arabes.

Le conducteur de la caravane, placé entre le ciel et un terrain plat et uniforme, n'a pour diriger sa marche que le secours du soleil et des étoiles, quelques indices de terrain très-incertains et des ossemens de chameaux morts, dans de précédens voyages, de lassitude, de faim ou de soif. Rarement il fait usage de boussole.

Lorsqu'une caravane rencontre une rivière à passer, ce qui est extrêmement rare, on attache les Chameaux à la queue les uns des autres, et un homme, tenant dans sa bouche la bride du premier Chameau, nage au devant, tandis qu'un autre homme monté sur un radeau en joncs, reste en arrière pour surveiller les animaux.

Les conducteurs choisissent pour faire halte chaque soir, si cela est possible, des lieux où il croît quelques broussailles, ou des plantes chétives, qui servent de pâture aux Chameaux pendant la nuit. Lorsque cette nourriture vient à manquer, ou qu'elle n'est pas suffisante, on y supplée, en leur donnant des gâteaux d'orge, des dattes, ou des pois; on décharge ces animaux et on les laisse en liberté jusqu'au moment du départ. Les voyageurs, pendant ce temps, fument leurs pipes ou dorment à la belle étoile. S'il arrive que les puits qui doivent fournir de l'eau à la caravane se trouvent taris, alors il faut attendre à la journée suivante pour s'en procurer. La consommation d'eau, pour étancher la soif des hommes et des chevaux, pour faire la cuisine, pour les ablutions, est très-considérable. Aussi un certain nombre de Chameaux sont uniquement destinés à porter un élément dont on ne saurait se passer. On est tellement altéré dans ces régions brûlantes, qu'un voyageur boit 4, 5 et 6 bouteilles par jour, lorsqu'il peut se procurer de l'eau à volonté. Le Chameau peut voyager 3 ou 4 jours sans boire, et il endure quelquefois la soif pendant 8 et 10 jours, mais aussi il boit 50 ou 60 litres d'eau, et même 80, lorsqu'il en trouve une quantité suffisante. Le cheval au contraire doit être abreuvé chaque jour. Quand ces animaux s'aperçoivent qu'ils approchent d'une rivière, ils s'y portent avec tant de précipitation, que souvent ils tombent dans l'eau, et sont entraînés par le courant, lorsque les bords se trouvent escarpés. L'empressement des voyageurs n'est pas moins vif ni moins prompt.

Il s'élève, de temps à autre, dans les déserts traversés par les caravanes, un vent violent du sud-est, qui soulève dans les airs des tourbillons d'un sable fin et impalpable. Quelques voyageurs ont exagéré en disant que les hommes et les animaux seraient étouffés, s'ils ne mettaient, aussi long-temps que dure ce vent, la bouche et le nez contre terre. Un voyageur, sur la foi duquel on peut compter, dément cette assertion. « Le plus mauvais effet de ce vent, dit-il, est de dessécher les outres et de diminuer l'eau, si indispensable à la vie des voyageurs. Car lorsque les outres sont mal préparées, il arrive que dans une matinée, ainsi que j'en ai été témoin, une outre remplie d'eau se trouve réduite d'un tiers; j'ai été exposé à l'action brûlante de ce vent, dans les déserts de l'Arabie, de la Nubie et de la haute Égypte, et je n'en ai éprouvé d'autre inconvénient que celui que je viens de rapporter. Il est cependant très-désagréable, car il arrête la respiration, dessèche le gosier, et affaiblit le corps. » Un autre effet produit par ce vent, que les Arabes nomment *semoun*, c'est de soulever un sable brûlant, en si grande quantité, que l'air en est obscurci, et qu'on ne peut distinguer les objets à une distance de cinq ou six pieds; il entre dans les yeux et les fatigue singulièrement, et il a souvent une telle impétuosité qu'il soulève et emporte les tentes les mieux affermies.

Les dangers et les incommodités dont nous venons de parler, et que les voyageurs ont à supporter dans les déserts, ne sont pas les seuls qui menacent les caravanes. Les Arabes ou Bedouins qui vivent avec leurs troupeaux dans quelques parties moins stériles, font des incursions dans les lieux où ils savent que doivent passer les caravanes ; ils les rançonnent, les pillent, et ils vont jusqu'à détruire les puits. Ainsi dans ces solitudes où rien ne distrait la vue, si ce n'est le soleil et les étoiles, sur ce sol mouvant qui dédaigne de conserver les traces de tout être vivant sur une mer sans eau, ainsi que s'exprime un poète arabe, le voyageur craint à chaque instant de périr de faim ou de soif, d'être pillé ou exterminé par des Bédouins, de s'égarer, ou d'être enseveli sous des sables qui l'entourent de tous côtés, à des distances prodigieuses. En effet, lorsqu'on n'a pas parcouru ces déserts, on ne peut s'en faire une juste idée que par comparaison. Le grand désert d'Afrique, sans y comprendre ceux de Bornou et de Darfour, occupe une étendue de 194,000 lieues carrées, tandis que la surface de la Méditerranée n'a que 79,000 lieues carrées.

Ce genre de voyage entouré de dangers, de

difficultés et de privations, présente cependant des jouissances, ainsi que toutes les entreprises qui exigent de l'énergie, du courage et de la constance. C'est ainsi que s'exprime Beechey, capitaine anglais, voyageur intrépide : « Si l'on ressent dans les déserts une espèce de terreur, on y éprouve aussi de certains plaisirs. L'idée d'un espace sans limites qui se présente à l'esprit, a quelque chose d'imposant et même de sublime. Le moindre objet qui se présente sur une surface monotone et inhabitable, offre un intérêt qu'on ne trouve pas ailleurs pour des choses bien plus remarquables. Le silence et la solitude prêtent à la rêverie, et inspirent de doux sentimens. C'est là qu'au milieu d'une tranquillité et d'une indépendance que rien ne vient troubler, on éprouve des sensations pleines de charmes, qu'on est exempt de tout soin et qu'on est à l'abri des folies et des vices du monde. »

Les Arabes en Asie et les Bedouins en Afrique élèvent des troupeaux de Chameaux et ils s'alimentent avec leur lait et leur chair. Ils font avec le lait du beurre et du fromage, et conservent la chair dans des vases, en la couvrant de graisse. Celle des jeunes Chameaux est très-estimée parmi ces peuples. Ils emploient les poils à la fabrication de feutres pour leurs tentes, et de quelques étoffes à leur usage. Ils possèdent l'art de filer ces poils et d'en former des tissus, surtout avec ceux qui croissent sur les bosses ou sous le poitrail de ces animaux et dont la longueur est assez considérable. Quoique le Chameau soit principalement employé dans les voyages et pour le transport des marchandises, il est aussi d'une grande utilité pour tourner les roues destinées à élever les eaux pour les irrigations. Car dans des contrées où la pluie ne tombe que très-rarement, la terre serait improductive, si elle n'était pas humectée par des moyens artificiels. Enfin la fiente des Chameaux est d'une grande ressource dans des pays où l'on est privé de combustibles. Cette fiente, après avoir été séchée, sert à faire le feu; et la suie qui en provient, est employée à la fabrication du sel ammoniac.

Il est une destination particulière, à laquelle le Chameau a été soumis dans quelques parties de l'Asie. Cet animal à une époque de l'année entre dans une espèce de fureur contre les mâles de son espèce, lorsqu'il veut s'approcher de sa femelle. On profite de cette époque pour lui opposer un rival, dans la certitude qu'il s'en suivra un combat. Voici la description que donne un voyageur de ce genre de spectacle, dont le peuple est très-curieux. « Les combats de Chameaux sont, les jours de fête, un des amusemens favoris des Turcs de l'Asie Mineure. On forme une enceinte dans laquelle on fait entrer deux Chameaux, après les avoir muselés, pour qu'ils ne se fassent pas trop de mal, et on les excite au combat. Il est curieux de voir la manière dont ils s'y prennent. Ils se frappent la tête sur le côté; ils entrelacent leurs longs cous, et se soutenant sur leurs pieds de derrière, ils se portent des coups avec ceux de devant, à peu près comme les boxeurs avec leurs poings, et ils font des efforts pour se renverser. Les Turcs, qui s'intéressent vivement à ces combats, manifestent hautement l'affection qu'ils portent, les uns pour l'un de ces animaux, les autres pour l'autre. Ils les applaudissent par des cris et des battemens de mains, en les désignant par leur nom, ainsi que le pratiquent les Espagnols aux combats de taureaux. Le pacha de Smyrne avait coutume d'offrir au peuple de tels spectacles, dans un lieu préparé et situé en face de son palais. »

Les hommes oubliant les grands services qu'ils retirent de ces pauvres animaux, les mettent aux prises, afin de se procurer pour un instant un plaisir cruel et barbare. Les Chameaux excités par leurs maîtres, et par la fureur qui les anime, se font beaucoup de mal, et ils se mettraient en pièces avec leurs dents, si on ne prenait la précaution de les museler. On leur épargne la mort, ou de plus grandes souffrances, non par humanité, mais par avarice.

HISTOIRE

NATURELLE ET ÉCONOMIQUE

DU RENNE.

DU RENNE.

Le Renne a été, pour les peuples placés dans les contrées glaciales du nord, d'une utilité non moins grande que le Chameau pour ceux qui habitent les régions du midi. En effet les peuples qui habitent tous les pays de l'Europe, de l'Asie et de l'Afrique, situés au-delà du 60e ou du 65e degré de latitude, ne pourraient exister à moins qu'ils ne fussent voisins des côtes de la mer, s'ils ne vivaient de la chair et du lait que leur fournit le Renne. Ces contrées ne présentent au voyageur que de hautes montagnes formées par des fragmens de rochers, ou des valons étroits et stériles, et ne produisent que des sapins et des bouleaux, qui même diminuent de taille et cessent de paraître sur le sommet de ces montagnes. Les bois sont rares dans plusieurs cantons, et la terre produit à peine quelques brins d'herbes qui ne suffisent pas à la nourriture des Rennes. Mais la nature bienfaisante a pourvu abondamment le sol de ce pays d'un lichen que l'on nomme *lichen des Rennes*, par la raison qu'il forme presque leur unique nourriture en hiver comme en été.

Ainsi l'existence du Renne a donné à l'homme la possibilité d'habiter un pays qui est couvert de neige pendant six ou huit mois de l'année, et où ne peuvent vivre le cheval, la vache ni le mouton.

Le Renne est un animal ruminant du genre du cerf, avec lequel il a beaucoup de rapport par ses formes extérieures, ainsi que par son organisation intérieure. Il est un peu moins grand, et il a les jambes moins allongées; les cornes ou bois composés de plusieurs ramifications palmées à leur extrémité, ont 13 décimètres de long. Ces bois tombent annuellement au printemps et repoussent aussitôt. Ils Ils sont alors couverts d'une peau qui se détache graduellement. La tête des femelles est ornée de bois ainsi que celle des mâles; il arrive cependant quelquefois que les mâles ainsi que les femelles en sont privés. Leur poil, plus long que celui du cerf, est d'un gris fauve, qui blanchit en hiver. Ils ont la queue courte et les sabots plus épais et plus larges que ceux du cerf, ce qui leur permet de moins enfoncer dans la neige.

La femelle porte ses petits pendant huit mois, et n'en met bas qu'un à la fois; il sont en état de suivre leur mère aussitôt qu'ils sont nés, et celle-ci a l'instinct de les reconnaître parmi un grand nombre d'autres. Ces animaux acquièrent toute leur croissance avant l'âge de six ans.

Le Renne, dans l'état sauvage, habite toute la partie boréale de l'Europe, de l'Asie et même de l'Amérique, et il est d'une taille plus élevée que celui qui vit dans l'état de domesticité. On lui donne la chasse en été et en automne, avec des chiens qu'on musèle afin de les empêcher d'aboyer, ce qui l'épouvanterait et le ferait fuir au loin. Lorsqu'il est atteint par les chiens, il se défend avec son bois jusqu'à ce qu'il soit attaqué par les hommes et tué à coups de fusils. On poursuit aussi les Rennes sauvages en hiver, lorsque la neige nouvellement tombée n'a pas assez de consistance pour soutenir ces animaux, et leur permettre de courir avec vîtesse. Les Lapons, s'adaptent aux pieds des patins formés par une planche longue de quatre pieds, et se transportent ainsi avec rapidité d'un lieu à l'autre, pour attaquer les Rennes et s'en rendre maîtres.

Nous allons donner à nos lecteurs quelques détails sur les troupeaux de Rennes, et sur les Lapons, que nous avons eu occasion d'observer dans un voyage fait en Laponie; d'autant plus que ce peuple est le plus industrieux parmi tous ceux qui, dans les pays glacés, tirent leur existence du produit de leurs troupeaux de Rennes.

La Laponie est un pays rude, âpre et sauvage. Les montagnes sont escarpées, formées par des fragmens de pierre, où il est rare de trouver de la terre. Les montagnes sont couvertes d'arbres verts et de bouleaux jusqu'à une certaine élévation, où ce dernier arbre peut seul résister au froid; mais, comme nous l'avons déjà fait observer, il diminue en taille à mesure qu'il se trouve dans un site plus élevé; enfin il disparaît pour faire place au bouleau nain, espèce qui ne s'élève jamais qu'à six ou huit pouces. Ces deux arbres sont les seuls propres à la pâture des Rennes qui les recherchent avec avidité; mais comme ils sont très-rares dans certains parages, ces animaux sont réduits, pour toute nourriture, au lichen dont nous avons parlé. Lorsque, pendant cinq ou six mois, la terre est couverte de neige à la hauteur de plusieurs pieds, on croirait que les Rennes devraient mourir faute d'alimens; car les Lapons, ainsi que les autres peuples qui s'occupent de leur éducation, ne font jamais de provisions d'hiver pour les entretenir dans une saison si rigoureuse. Les lichens sont toujours la seule ressource qui reste à ces pauvres animaux. Mais la nature, qui les avait destinés à vivre dans des pays glacés, leur a donné un admirable instinct pour qu'ils puissent satisfaire le plus pressant de tous les besoins, celui de la faim. En effet, les Rennes, soit dans l'état sauvage, soit en domesticité, sont toujours exposés au grand air et à tous les frimats, et parcourent chaque jour les campagnes sur un sol immense où l'œil est ébloui par l'éclatante blancheur de la neige; c'est-là qu'ils sont occupés sans relâche à creuser avec leurs pieds cette neige, pour trouver quelques pieds de lichen dont ils font leur nourriture. Ainsi l'on aperçoit dans les campagnes que fréquentent les Rennes en hiver, des trous disséminés sur toute la surface du sol. Il arrive cependant que la neige prend une si grande dureté, par l'effet de la gelée, que ces animaux ne peuvent l'enlever; et alors il en périt un grand nombre. Au reste, le lichen étant une plante qui contient, sous un petit volume, une grande quantité de sucs, il en faut très-peu pour suffire à la nutrition d'un Renne.

Lorsque je me suis rendu chez les Lapons pour connaître leurs mœurs, leurs usages et leur manière de vivre, je suis arrivé à leur demeure, non toujours sans difficulté, car ce peuple nomade n'a pas et ne peut avoir d'habitation fixe. Il est en effet obligé de passer tous les quinze jours d'un canton à un autre, pour trouver de nouveaux pâturages, lorsque ses troupeaux ont consommé la petite quantité d'alimens qui se trouve dans le lieu où ils s'étaient établis. Ils transportent en été, sur le dos de leur Renne, et en hiver sur des traîneaux, leurs provisions et leur mobilier, qui se réduit à un très-petit nombre d'effets. En arrivant sur le local qu'ils ont choisi, ils commencent par se construire une hutte ou cabane, qui doit servir de logement à toute la famille quelque nombreuse qu'elle soit. Ils prennent, à cet effet, des branches d'arbres dont la partie inférieure repose circulairement sur le sol, tandis que les pointes supérieures aboutissent à un centre commun, élevé de terre de deux mètres et demi. Après avoir disposé ces branches d'arbre en forme de cône, ils les recouvrent avec de menus branchages et de la terre, ayant soin de laisser une ouverture au sommet, afin de donner passage à la fumée ou de laisser paraître le jour. On entre, en se baissant, dans ces huttes dont la porte est très-basse. Celle que j'ai mesurée avait un diamètre de quatre mètres et demi à sa base.

Lorsque les Lapons ne sont point occupés à la garde de leurs troupeaux, ou qu'ils ne se livrent point à d'autres travaux extérieurs, ils restent assis ou couchés dans leur hutte; au centre se trouvent placées deux pierres posées de champ, qui servent de foyer, où l'on entretient du feu jour et nuit l'hiver comme l'été. Les meubles consistent en un chaudron pour faire cuire la viande, un baquet pour tanner les peaux de Renne dont les Lapons font leurs vêtemens, une hache, et quelques vases pour le laitage. L'on répand sur le sol de petites branches de bouleau qu'on recouvre avec des peaux de Renne. C'est là que les Lapons se tiennent accroupis pendant le jour et qu'ils reposent pendant la nuit. C'est là que j'ai dormi, sous une peau de Renne, d'un profond sommeil, pêle-mêle avec la famille qui se composait du maître avec sa femme, de deux filles, d'un garçon et de cinq domestiques mâles ou femelles. Chacun se déshabille, se couche, et fait sa toilette le matin en se levant, sans que la pureté des mœurs de ce peuple simple et candide en soit offensée. Les vêtemens roulés en paquet servent d'oreiller, des peaux de Renne, ou de mouton lorsqu'on peut s'en procurer, servent de couverture.

Le physique des Lapons n'est pas très-avenant. Ils sont en général d'une petite taille; ils ont, ainsi que les Tartares, les pommettes de la figure proéminentes, et les yeux petits. Ils sont très-hospitaliers; ils m'offraient tout ce qu'ils possédaient, c'est-à-dire de la chair de Renne fumée, du lait et du beurre, avec une grande cordialité et sans aucune vue d'intérêt. Je leur fis cadeau de quelques bouteilles d'eau-de-vie, qu'ils aiment avec passion. Le maître de la hutte où j'ai habité savait lire ainsi que ses enfans. Les femmes partagent avec les hommes la conduite des troupeaux et les autres travaux du ménage.

Les Lapons privés de pain et de végétation sont réduits, pour toute nourriture, à la chair et au laitage de leurs Rennes. Lorsqu'ils ont tué un ces animaux, ils l'écorchent, le dépècent, et en suspendent les quartiers à l'air pour leur donner un premier degré de dessication; ils les accrochent ensuite dans la partie supérieure de leur cahute, au-dessus du foyer; cette viande ainsi fumée se conserve longtemps; les Lapons la mangent dans cet état et sans autre préparation. Quelquefois ils la font bouillir dans l'eau, ou ils la font frire avec du beurre. J'ai mangé de cette viande fumée qui a un goût très-agréable; elle est encore meilleure lorsqu'elle est fraiche.

Les Lapons ont une manière particulière de tuer les Rennes. Ils les attachent à un pieu avec une corde; ils leur plongent un couteau dans la poitrine, de sorte que le sang, au lieu de se répandre au dehors, reflue dans le corps. Ils ramassent le sang et le conservent dans l'estomac de l'animal pour en faire leur nourriture. Les Lapons mangent jusqu'aux entrailles des animaux qu'ils tuent. Ils broient très-menus les os qui en proviennent, et ils en retirent la gélatine en les soumettant à une longue ébullition.

Le laitage des Rennes entre aussi dans le régime alimentaire des Lapons; ils boivent le lait ou ils en préparent du beurre qui est assez bon quoiqu'il ait un petit goût de graisse, ce qui a fait dire à quelques voyageurs qu'on retirait de la graisse du lait de Renne. La crême a une saveur plus délicate que celle qui provient du lait de vache. Le fromage est aussi fort bon. Le petit lait sert de boisson aux Lapons.

Les habits, les bonnets, les souliers des femmes, comme ceux des hommes, sont entièrement faits avec la peau du Renne, et ils sont à-peu-près les mêmes pour la matière comme pour la forme. Au lieu de bas, ils s'enveloppent les jambes avec une peau qu'ils fixent avec des lanières.

Contens de leur sort, qui nous paraît si misérable, les Lapons vivent heureux. Leurs troupeaux leur donnent la nourriture et le vêtement; les montagnes qu'ils habitent leur fournissent le bois nécessaire pour se préserver du froid excessif auquel ils sont exposés dans ces régions glacées. Ce froid s'élève quelquefois à 40 degrés; et l'on voit le mercure geler dans des lieux situés à une latitude moins élevée que celle de la Laponie. Ne connaissant pas les besoins, les jouissances des peuples plus civilisés, ils parviennent au terme de la vie sans désirs, sans passions, et exempts de presque toutes les maladies. Ils n'ont d'autres craintes et d'autres soucis que ceux qui peuvent être causés par la perte de leurs animaux. En effet, il arrive, quoique très-rarement qu'une épizootie fait de grands ravages dans leurs troupeaux, accident qui les met dans une position très-critique.

Cependant les Lapons, malgré l'austérité de leur climat, malgré une vie passée au milieu des neiges et des frimats, malgré le dénuement de ce qui fait le bonheur des autres hommes, ont pour leur pays un attachement qui surpasse tout ce que l'on peut imaginer. Les rois de Suède et de Danemarck ont fait venir dans leur capitale des Lapons auxquels on donnait tout ce qu'ils paraissaient désirer, mais pas un seul n'a pu supporter ce nouveau genre de vie ; le chagrin et la tristesse s'emparaient de leur âme à tel point qu'ils perdaient la vie lorsqu'on ne les renvoyait pas promptement dans leur hutte au milieu des neiges et de leurs troupeaux.

Mais un fait qui n'est pas moins surprenant, c'est que les Rennes transportés du nord du continent de l'Europe dans des pays un peu moins froids que celui qu'ils habitent ne peuvent s'acclimater, et périssent promptement. Étant à Christiana en Norwège, j'ai vu embarquer huit Rennes qui furent envoyés au duc de Norfolk en Angleterre ; et j'ai appris, peu de temps après qu'ils avaient tous péri. On avait, avant cette époque, fait d'autres expériences semblables, et on les a réitérées depuis sans aucun succès. Ces animaux transportés en Angleterre, en Irlande et en Écosse, n'ont pu s'acclimater malgré toutes les précautions qu'on ait prises, et pas un seul n'a survécu. La chose est d'autant plus étonnante pour le nord de l'Écosse que le climat de ce pays diffère peu de celui de la Laponie, et que l'on y trouve en abondance au sommet des montagnes, le lichen dont les Rennes se nourrissent plus particulièrement.

Lorsque l'auteur de cet ouvrage arriva chez les Lapons et qu'il fut entré dans leur hutte enfumée, il causa par interprête avec ces braves gens qui l'accueillirent avec cordialité et sans être surpris, quoiqu'ils n'eussent jamais reçu la visite d'un Français, et qu'ils ne fussent pas accoutumés à notre tournure et à notre costume, et bien moins à notre langage. Ayant demandé à voir le troupeau de Rennes, le maître l'envoya chercher ; averti qu'il arrivait, je sortis de la hutte, et j'éprouvai une grande admiration en voyant un troupeau de 400 Rennes qui portaient des regards d'étonnement sur moi, levaient la tête en l'air, agitaient leurs cornes en tout sens, et m'offraient le spectacle d'un bois qui aurait été mobile. Ces animaux sautaient sur les rochers et sur les pierres avec une adresse incroyable. Si l'un d'eux s'égarait du troupeau il y était aussitôt ramené par la poursuite et les aboiemens de cinq chiens très petits; les Rennes semblaient alors oublier leur indépendance et leur agilité, et après s'être élancés à peu de distance du troupeau ils y rentraient à la voix du conducteur ou à celle du chien. Ces animaux bondissaient sur les rochers avec la même facilité que s'ils eussent été sur une prairie molle et unie; ils n'avaient pas moins de grâce lorsqu'en broutant les branches de bouleau ils agitaient leur tête et leurs bois en tout sens. Ils émettent quelquefois un cri ou espèce de grognement qui a de l'analogie avec celui du cerf.

Le Renne n'a pas besoin d'autant de nourriture qu'un cheval de taille moyenne, il s'accommoderait fort bien de foin. si on pouvait lui en donner dans l'hiver. Les Lapons les ramènent deux fois par jour dans un parc situé près de leur hutte, même dans l'hiver où les nuits durent de seize à vingt heures, de crainte qu'ils ne s'égarent dans les bois, et qu'ils ne deviennent la proie des loups. On musèle les jeunes animaux afin de les empêcher de têter leur mère pendant la nuit; on trait celles-ci le matin avant de les envoyer paître dans la campagne; elles donnent un verre de lait par jour.

Les Lapons riches ont quelquefois des troupeaux de 1000 Rennes, les moins aisés n'en possèdent qu'une centaine, mais ils prennent souvent à cheptel des Rennes qui appartiennent à d'autres particuliers; on leur fait des marques aux oreilles pour les reconnaître. Ces animaux sont généralement très-doux et se laissent carresser et flatter de la main; il arrive cependant qu'ils refusent quelquefois de se laisser traire, mais ils deviennent très-dociles lorsqu'on les attache après leur avoir jeté une corde qui les saisit par leur bois.

Les Lapons conduisent leurs Rennes dans les champs, parmi les bois et les rochers quel que soit le temps; ce soin est habituellement confié aux fils, aux filles et aux domestiques du père de famille : souvent même sa femme portant son petit enfant sur le dos veille à la garde du troupeau au milieu des frimats, et elle ne craint pas de braver une chûte de neige qui obscurcit l'air, et qui, agitée par les vents, forme des tourbillons qui sembleraient devoir l'engloutir. La réunion des Rennes disséminés sur une grande surface pour chercher leur nourriture sur un sol stérile, serait impossible si leurs conducteurs n'étaient aidés par des chiens dociles à la voix et aux signes de leurs maîtres. Après les avoir ainsi réunis, on les conduit dans leur parc près de la hutte où le père de famille vient les compter pour s'assurer que tous ses animaux sont rentrés ; lorsqu'on s'aperçoit qu'un Renne aime à s'écarter et qu'il s'éloigne trop du troupeau, on lui attache au col un gros bâton qui traîne par terre et l'empêche d'aller au loin.

Lorsqu'il survient une épizootie qui ravage les troupeaux des Lapons, les plus malheureux auxquels il ne reste que quelques animaux les confient à ceux qui en ont un plus grand nombre ; et alors dénués de tout moyen d'existence, ils se transportent avec toute leur famille sur les rivages de la mer où ils se livrent à la pêche parmi les Lapons maritimes qui vivent habituellement de cette profession.

Il existe, dans les contrées où se trouvent les Rennes un insecte connu par les naturalistes sous le nom d'*Astre* qui les tracasse singulièrement ; ils le redoutent au point de prendre la fuite et de s'égarer au loin lorsqu'ils l'entendent bourdonner.

Les Rennes s'abreuvent en mangeant la neige ; lorsque les hommes ont uriné sur cette neige ces animaux s'empressent de la manger à cause de l'attrait qu'ils ont, ainsi que presque tous les quadrupèdes, pour les matières salines.

Nous avons fait connaître dans l'histoire naturelle du chien, l'usage que les habitans du Kamtchatka et ceux de quelques autres régions glacées font du chien pour se transporter d'un lieu à un autre, sur un sol où la neige séjourne souvent sept à huit mois de l'année. Le Renne rend à l'homme un service encore plus important, tant à cause de sa force qu'à cause de sa rapidité à la course : il fait communément deux lieues à l'heure durant une marche non interrompue de six heures, en tirant sur la neige un traîneau dans lequel est placé un homme. Des essais faits dans un lieu uni pour constater la vitesse du Renne ont prouvé que ces animaux pouvaient parcourir en deux minutes un espace de 3080 pieds, ce qui serait à raison de près de 8 lieues à l'heure, s'il était possible que l'animal soutînt la même vitesse.

Le Renne est attelé au traîneau au moyen d'une corde fixé à la partie inférieure du collier qui lui entoure le cou, cette corde passe entre ses jambes de devant et de derrière, et de là va s'attacher au traîneau, les guides dont nous nous servons pour conduire les chevaux sont remplacées par une corde attachée d'un bout aux cornes de l'animal, le conducteur tenant l'autre bout à sa main. Lorsqu'il veut faire partir le Renne, il agite successivement cette corde sur le côté gauche et sur le côté droit de son dos; pour le faire tourner du côté droit il l'agite seulement de ce même côté; et ainsi sur le gauche lorsqu'il veut le faire tourner à gauche. Pour l'arrêter dans sa course, il suffit de faire passer du côté droit la corde qui se trouve du côté gauche.

L'on conçoit que cette manière barbare d'atteler et de diriger ces pauvres animaux est très-gênante pour eux et très-incommode pour ceux qui les conduisent ; la corde à laquelle ils sont attelés ballotte entre leurs jambes et sous leur corps, les frotte incessamment, les blesse et leur ôte la liberté des mouvemens.

Le Renne ne va pas droit dans sa marche comme le cheval ; il se porte en courant tantôt à droite, tantôt à gauche , ainsi qu'on le voit par les traces contournées qu'il laisse après lui sur la neige : cela doit provenir de la mauvaise manière de l'atteler, de le guider et de le manœuvrer. Il se trouve quelquefois des Rennes récalcitrans, et qui ne veulent pas se laisser conduire ; on les attache alors à la suite d'un autre traîneau et ils sont obligés de le suivre. Dans les descentes de montagnes très-rapides, on attache le Renne derrière le traîneau pour empêcher que le conducteur ne soit lancé dans quelque précipice avec l'animal, ou bien l'on attèle un Renne devant, et un autre, derrière. Lorsqu'il s'agit de transporter des marchandises, on attache chaque animal au bout du traîneau qui précède, et le conducteur placé dans celui qui est à la tête, dirige tout le convoi ; il arrive souvent que la neige nouvellement tombée est si molle que les animaux enfoncent jusqu'au ventre, alors on ne peut avancer que très-lentement.

Un fait fort extraordinaire et qu'on aurait de la peine à croire s'il n'était confirmé par une expérience journalière, c'est l'habileté avec laquelle les Lapons se dirigent dans leurs courses lorsqu'ils veulent se rendre d'un lieu à l'autre, même à de très-grandes distances. Qu'on se figure un pays couvert de hautes montagnes escarpées, de rochers et de précipices, le tout couvert de plusieurs pieds de neige, sans qu'on puisse reconnaître le plus léger indice du sol placé au-dessous. Qu'on se figure une longue et profonde nuit qui ne permet pas de discerner le moindre objet; un ciel chargé de nuages qui verse la neige à gros flocons, un vent impétueux qui la pousse en tourbillons, et l'on pourra concevoir les difficultés et les obstacles à vaincre pour se transporter à de grandes distances, au milieu de pareils obstacles; c'est cependant ce que fait le Lapon avec le secours de ses Rennes, et il n'a d'autres signes pour les guider que le vent ou les astres, se servant de l'un à défaut de l'autre; connaissant la position du lieu où il veut se rendre, et le côté d'où souffle le vent, il prend sa direction d'après ces données, et l'habitude de passer une partie de sa vie en plein air, lui a appris à observer les astres et à en connaître le cours. C'est avec ces moyens qu'il dirige son traîneau sur un océan de neige, comme un pilote placé au milieu d'une mer dont les flots lui présentent sans cesse de nouveaux périls à éviter.

HISTOIRE

NATURELLE ET ÉCONOMIQUE

DU LAMA.

DU LAMA.

Le Lama, du genre des mammifères ruminans, a beaucoup d'analogie avec la Vigogne, dont nous donnerons l'histoire ci-après, ainsi qu'avec le Chameau. Ces deux premiers animaux étaient les seuls que les Indiens de l'Amérique du Sud eussent réduits à l'état de domesticité. La chair de l'un et de l'autre leur servait d'aliment, et ils préparaient des étoffes avec leur laine et surtout avec celle de la Vigogne. Ils employaient le Lama comme bête de somme.

Les naturalistes caractérisent ainsi le Lama : point de dents incisives supérieures ; six incisives à la mâchoire inférieure ; deux dents canines comprimées de chaque côté des mâchoires ; cinq molaires de chaque côté, tant en haut qu'en bas ; deux doigts isolés à chaque pied, armé à sa pointe par un petit ongle plat, au lieu de sabot ; tête conique sans cornes ;

lèvre supérieure fendue ; yeux grands ; oreilles longues ; cou fort alongé ; queue courte ; deux mammelles comme la chèvre ; poil laineux et fourni.

La hauteur du Lama est d'environ quatre pieds, son corps mesuré de l'extrémité du museau à l'origine de la queue, en a 5 ou 6. Le cou seul est long de près de 3 pieds ; la queue de 8 pouces. Tout son corps est garni d'une laine, courte sur le dos, la croupe et la queue, mais fort longue sur les flancs et sur le ventre. Sa couleur est noire dans quelques individus, blanche ou brune dans d'autres.

Le Lama, dans l'état sauvage, habite les hautes montagnes qui s'étendent dans toute la longueur de l'Amérique du Sud. Il quitte, à l'approche de l'hiver, ces régions élevées et vient paître dans les vallées et les plaines inférieures. Comme ces animaux sont très-lestes à la course, des hommes montés à cheval, et armés d'une pierre ronde fixée à l'extrémité d'une longue couroie, les arrêtent dans leur course, en leur jetant cette pierre qui s'entortille dans leurs jambes. On ne prend ordinairement de cette manière que les jeunes ; les adultes sont si prompts qu'il est difficile à un cavalier de les joindre. On emploie les chiens contre ces derniers. On leur donne la chasse pour avoir leur laine et leur peau, et même leur chair. Celle des jeunes est très-estimée. Lorsqu'ils sont plus âgés, elle est dure; cependant on en fait usage après l'avoir salée, surtout dans les voyages de long cours.

Les femelles des Lamas, qui produisent à deux ans, ne mettent bas qu'un petit et rarement deux. Ils peuvent en naissant suivre leur mère, et l'accompagner partout où elle va. Ils sont en pleine vigueur à 3 ans et vivent jusqu'à 12 ou 15 ans. Les Lamas ne sont pas difficiles à nourrir. Tout pâturage leur convient, ainsi que toute espèce de fourrage sec.

Le Lama était la seule bête de somme employée par les Indiens, lors de la découverte de l'Amérique Méridionale. Ainsi il leur était d'une grande utilité pour le transport de leurs denrées et de leurs marchandises ; car le Bœuf, le Cheval, l'Ane ou le Chameau ne se trouvaient dans aucune partie du nouveau monde. Les Espagnols devenus maîtres de ces contrées, les employèrent au même usage. Ils s'en servent encore aujourd'hui au transport du minerai, et du bois nécessaire à l'exploitation des mines d'or et d'argent, qui se trouvent dans les hautes montagnes. Mais l'introduction des Chevaux et des Anes a beaucoup diminué l'usage des Lamas, qui ne peuvent porter des fardeaux aussi lourds, ni faire d'aussi longs trajets. Leur charge ordinaire est de 100 à 150 livres. Ils marchent lentement et ne font que 4 lieues par jour, mais ils ont le pied ferme et assuré, et ils peuvent franchir des terrains escarpés et inégaux, que nulle autre bête de somme ne saurait traverser. On les conduit par caravanes très-nombreuses, quelquefois à la distance de 100 et 200 lieues. Ils vivent des plantes et des arbustes qu'ils rencontrent sur leur chemin. Lorsqu'on les fait arrêter quelques instans dans le cours de la journée, ils s'agenouillent et s'accroupissent comme les Chameaux, et se reposent dans cette posture, quoique chargés de leur fardeau. Au signal donné par leur conducteur avec un sifflet, ils se relèvent immédiatement et se mettent en route. Ils conservent la même attitude accroupie lorsqu'ils ruminent, ou qu'ils dorment pendant la nuit. Ces animaux ont un pas réglé qu'on ne peut hâter, même en les battant. Lorsqu'ils reçoivent de mauvais traitemens, ils n'ont d'autre manière de se venger qu'en lançant à une certaine distance, sur les personnes qui les maltraitent, une salive abondante, qu'on a prétendu à tort être vénéneuse, et occasionner des pustules sur la peau.

On avait conduit un Lama en France à l'époque où Buffon vivait; mais cet animal, ainsi qu'un mâle et une femelle, qui ont vécu quelque temps à Malmaison, campagne de Napoléon près Paris, n'ont été considérés que comme des objets de curiosité. La femelle de Malmaison avait fait un petit, qu'on a laissé par négligence dévorer par des chiens. Le père et la mère qui n'ont pas été mieux soignés, n'ont pas vécu long-temps. Le temps que ces animaux, dont l'un a vécu pendant 5 ans, ont passé en France, prouve qu'il serait très-facile d'acclimater le Lama en Europe. C'est un animal docile, et serviable, qui s'accommode très-bien de nos pâturages, ainsi que des fourrages que nous donnons habituellement à nos animaux domestiques. Ils réussiraient et se propageraient dans tous nos départemens, surtout dans ceux où se trouvent des montagnes élevées, tels que les Pyrénées, les Alpes, les Cévennes, les Vosges, l'Auvergne et le Limousin. Comme peu de personnes réunissent la fortune et le zèle nécessaires pour faire venir des Lamas d'Amérique, il appartiendrait à un gouvernement éclairé de tenter cet essai, qui est facile et serait peu dispendieux. On a dépensé 300,000 francs pour faire venir des chèvres dites du Thibet, dont le duvet fin et moelleux n'est ni plus beau, ni plus abondant que celui de nos chèvres; on pourrait avec une somme modique de 20 à 30,000 francs, faire venir d'Amérique un troupeau de Lamas, avec quelques Vigognes, deux espèces d'animaux qui procureraient de nouvelles richesses à notre agriculture, à notre industrie et à notre commerce. Mais il faudrait qu'une pareille opération fût mieux conduite que ne le sont habituellement les entreprises du gouvernement; et surtout, que le soin de ces animaux rendus en France, fût confié à des hommes dont le zèle égalât l'habileté.

Les Lamas seraient surtout utiles aux petits cultivateurs, qui les nourriraient à moins de frais que ne leur coûte un cheval ou un âne; ils pourraient leur suffire pour transporter leurs denrées au marché. Ils en retireraient en même temps le produit annuel de sa toison, et la vente des animaux pour la boucherie. Outre leur laine, qui fournirait à nos fabriques une matière propre à confectionner des étoffes de divers genres, la peau susceptible de recevoir différentes préparations, trouverait des applications non moins utiles.

HISTOIRE

NATURELLE ET ÉCONOMIQUE

DE LA VIGOGNE.

DE LA VIGOGNE.

La Vigogne ressemble beaucoup par ses formes au Lama, dont nous avons donné la description : elle est seulement plus petite et a une laine plus touffue, plus fine, plus soyeuse et plus brillante, d'un brun rougeâtre, plus ou moins foncé, dans différentes parties du corps : celle de la poitrine est la plus longue.

Elle habite comme le Lama les plus hautes montagnes de l'Amérique du Sud, surtout dans les parties voisines des neiges. Elle est timide, très-agile et difficile à approcher dans les lieux escarpés où elle se réfugie. La Vigogne n'a été amenée à l'état de domesticité que partiellement; car on ne l'a pas encore élevée en troupeaux comme le Lama, pour profiter des services qu'elle pourrait rendre à l'homme, par l'abondance, la finesse et la richesse de sa laine. On s'est contenté d'en élever quelques-unes dans les villes ou dans d'autres lieux de l'Amérique, comme simple curiosité. Dans cet état, elles deviennent très-familières, malgré leur timidité naturelle, et elles se contentent de la nourriture qu'on leur donne. On a transporté, il y a long-temps, en Espagne, quelques-uns de ces animaux qui, faute de soin et d'intelligence de la part de ceux à qui ils étaient confiés, ont péri sans rien produire. C'est une introduction qui serait, ainsi que nous l'avons dit pour le Lama, bien intéressante pour la France. Il est probable que la laine de la Vigogne, qui déjà est si remarquable par sa finesse, dans l'état sauvage, s'améliorerait encore, ainsi qu'il est arrivé pour le mouton, si l'animal qui la porte, était élevé et soigné par d'habiles cultivateurs. Il est même probable que l'on obtiendrait des races à laines entièrement blanches, qui recevraient dans la fabrication les différentes nuances de couleur qu'on voudrait leur donner. La belle couleur fauve qu'elle a communément, a l'avantage d'être très-solide et de ne pas changer à l'usage; on en fabrique des draps d'un grand prix, légers et très-chauds; des gants, des bas, des bonnets, des couvertures et des tapis très-recherchés. Sa chair, quoique moins bonne que celle du mouton, pourrait s'améliorer par les soins de la domesticité. La laine a dans le commerce une valeur double de celle des mérinos ; elle va chaque jour en croissant, à cause de sa rareté. Cette rareté est produite par la destruction considérable de ces animaux, qui a lieu depuis long-temps. Il y a eu des chasses où l'on en tuait 5 à 600, et même jusqu'à 1000 ; car, habitant de grandes régions sans culture, ils s'étaient propagés d'une manière prodigieuse.

Les chasseurs qui veulent prendre les Vigognes, tendent dans les lieux où elles ont coutume de se rendre, de longs filets qui offrent une ouverture très-étendue, vers laquelle des hommes, battant la campagne, poussent ces animaux craintifs. Lorsqu'ils sont engagés dans ces filets, on continue de les poursuivre, jusqu'à ce qu'ils soient parvenus dans une enceinte étroite, dont ils ne peuvent plus sortir. C'est là qu'après les avoir tués, on les écorche, pour avoir leur peau, et qu'on abandonne leurs cadavres aux oiseaux et aux animaux de proie.

HISTOIRE

NATURELLE ET ÉCONOMIQUE

DES PRINCIPAUX

ANIMAUX DOMESTIQUES

Paris. — Imprimerie Panckoucke, rue des Poitevins, 14.

HISTOIRE
NATURELLE ET ÉCONOMIQUE

DES PRINCIPAUX

ANIMAUX DOMESTIQUES

AVEC DES FIGURES

PAR C. P. DE LASTEYRIE

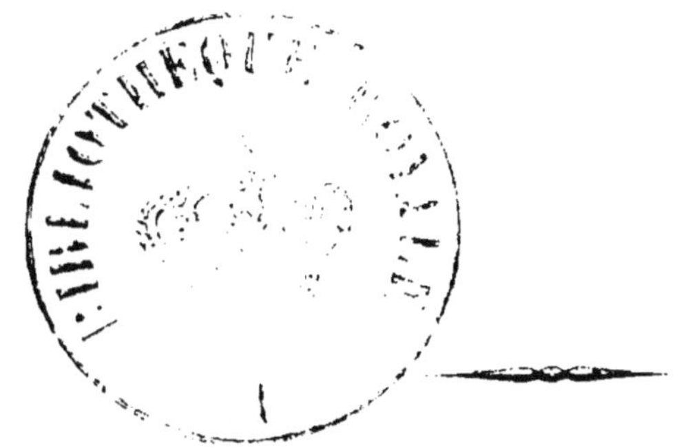

PARIS

CHEZ L. HACHETTE ET Cie

LIBRAIRES DE L'UNIVERSITÉ ROYALE DE FRANCE

Rue Pierre-Sarrazin, n° 12

www.ingramcontent.com/pod-product-compliance
Lightning Source LLC
LaVergne TN
LVHW012114170826
845678LV00001BA/389